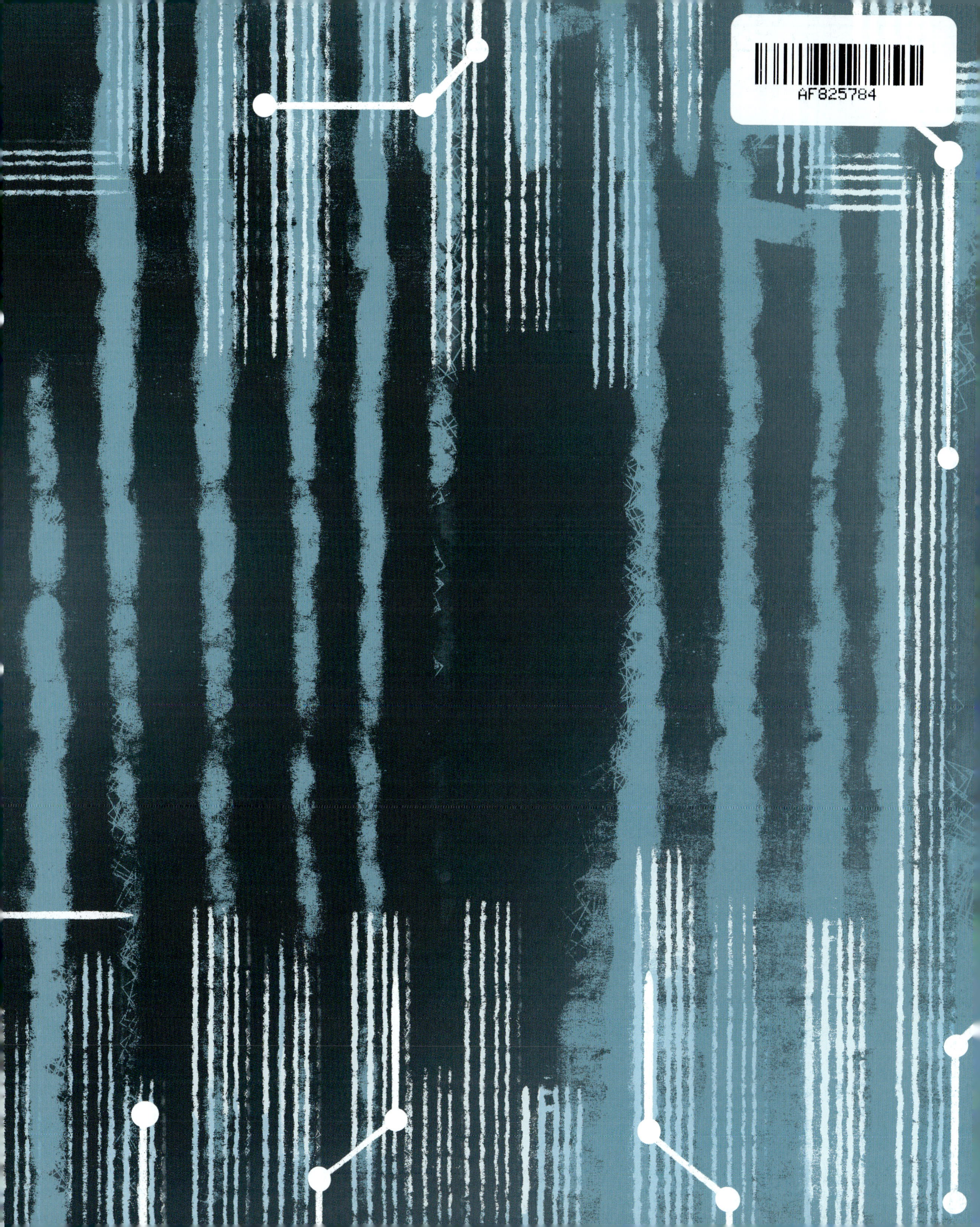

Dr. Henny Admoni ist Dozentin am Robotics Institute der Carnegie Mellon University in Pennsylvania, USA. Hier erforscht sie die Entwicklung intelligenter und autonomer Roboter, die Menschen bei komplexen Aufgaben oder dem Erlernen neuer Fähigkeiten helfen.

Amy Grimes lebt in London und arbeitet dort als freischaffende Künstlerin, die ihre Inspiration aus der Natur nimmt. Sie arbeitet hauptsächlich digital, indem sie handgemalte Strukturen scannt und diese in digitale Collagen verwandelt.

Ich danke Sam Priddy, Malu Rocha und dem Team von Neon Squid dafür, dass ich durch sie meine Begeisterung für Robotik mit der Welt teilen konnte. Ich danke Alison Morris und Gareth Hinds dafür, dass sie mir bei meinem ersten Ausflug in die Welt der Bücher zur Seite standen. Ich danke meiner ersten Leserin Eleanor Parno, die angeregt hat, dieses Buch lustiger zu gestalten. Ich danke all meinen Kollegen an der CMU, die mir sehr geholfen haben, kindgerechte Beschreibungen ihrer speziellen Robotik-Teilberichte zu formulieren, und ganz besonders Zeynep Temel für anregende Unterhaltungen über das Beschreiben von Roboterkörpern. Und wie immer danke ich meiner Familie für ihre bedingungslose Unterstützung. Und Greg, meine Sonne: danke für alles.

Dr. Henny Admoni

Weitere Informationen zum Kinder- und Jugendbuchprogramm
von Fischer Sauerländer auf *www.fischer-sauerlaender.de*

MIX
Papier | Fördert gute Waldnutzung
FSC® C002795

Erschienen bei Fischer Sauerländer

Die englische Originalausgabe erschien unter dem Titel „Robots" 2024 bei Neon Squid,
einem Imprint von Macmillan Publisher International Limited.

Umschlaggestaltung: Dahlhaus & Blommel Media Design GmbH,
nach einer Illustration von Amy Grimes
Satz: Tanja Haaf
Druck und Bindung: Livonia Print, Riga
Printed in Latvia
ISBN: 978-3-7373-7353-1

HENNY ADMONI

Roboter

ALLES ÜBER UNSER LEBEN MIT MASCHINEN, TECHNIK UND KÜNSTLICHER INTELLIGENZ

Mit Illustrationen von Amy Grimes
Aus dem Englischen von Cornelia Panzacchi

FISCHER SAUERLÄNDER

INHALT

WILLKOMMEN IN DER ZUKUNFT

Hast du dich jemals gefragt, woraus Roboter bestehen? Willst du wissen, wie sie „denken“? Oder was sie alles können? Falls ja, dann hast du jetzt das richtige Buch gefunden! Denn hier geht es genau darum.

Außerdem erzähle ich dir die Geschichte der Roboter und erkläre, was Roboter eigentlich sind. Danach geht es um ihre „Gehirne“ und um Künstliche Intelligenz (KI), denn sie bestimmt, wie Roboter die Welt sehen und mit ihr kommunizieren. Weiter geht es mit den Materialien, aus denen man Roboter baut, und darum, wie sie sich bewegen und wie sie arbeiten. Sobald wir genau wissen, wie Roboter funktionieren, schauen wir uns an, wie sie eingesetzt werden können: unter Wasser, im Weltraum oder auch im ganz normalen Alltag. Zum Schluss geht es um Antworten auf die Frage, welche Rolle Roboter in unserem Leben spielen und wie sie es verbessern können.

Ich heiße Dr. Henny Admoni und bin Professorin für Robotik. Ich liebe meine Arbeit! Damit ich sie machen kann, musste auch ich zunächst viel über Roboter lernen. Ich hoffe, dieses Buch hilft dir, besser zu verstehen, was Roboter sind, und macht dir Lust, selbst noch mehr über sie und Künstliche Intelligenz herauszufinden.

Viel Spaß beim Lesen!

Dr. Henny Admoni

GESCHICHTE DER ROBOTER

Schon vor langer, langer Zeit begannen die Menschen, Roboter zu konstruieren. Die ältesten entstanden vor der Entdeckung der Elektrizität und bewegten sich mechanisch mit Hilfe von Flüssigkeiten oder Luft. Frühe Roboter waren nicht „intelligent“, sondern führten nur sehr einfache Abläufe durch. Heutige Roboter dagegen können dank Künstlicher Intelligenz (KI) die unterschiedlichsten Aufgaben bewältigen.

400 V. CHR. – FRÜHE ROBOTER

Vor Tausenden von Jahren entwickelten Erfinder Maschinen, die sich mit Hilfe von Dampf und Gewichten bewegten. Im antiken Griechenland schuf Archytas von Tarent aus Holz eine Roboter-Taube, die fliegen konnte. In Tempeln standen große Roboter-Statuen, die zu den Gläubigen „sprachen“.

„Schachtürke“

50 V. CHR. – ERSTAUNLICHE PUPPEN

Heron von Alexandria verfasste ein Buch mit Bauanleitungen für frühe Roboter. Unter anderem erfand er Puppen, die mit einem komplizierten System von Schnüren, Flaschenzügen und Hebeln ein zehnminütiges Theaterstück aufführen konnten.

1921 – ROBOTER-THEATER

Der Begriff „Roboter“ erschien erstmals in dem Theaterstück *R. U. R.* oder *Rossum's Universal Robots* von Karel Čapek. „Roboter“ ist abgeleitet vom tschechischen Wort *robota* für „Zwangsarbeit“.

IN DEM STÜCK SIND DIE ROBOTER SKLAVEN IN EINER FABRIK, DIE IN EINEM AUFSTAND DIE MENSCHHEIT BESIEGEN.

1927 – AUF DER LEINWAND

Metropolis ist der erste Film, in dem es eine Figur gibt, die „Roboter“ genannt wird. Der Stummfilm spielt in einer Zukunft, in der es Arbeiter sehr schwer haben. Maria, ein Roboter in Frauengestalt, führt eine Arbeiterrevolution an.

1770 – EIN SCHACHMEISTER?

Der in Europa konstruierte „Schachtürke“ schien ein hervorragender Schachspieler zu sein. Seine Besitzer führten ihn in ganz Europa vor. Tatsächlich aber war er gar kein intelligenter Roboter! Sondern wurde von einer Person bewegt, die sich in seinem Podest versteckte. Erst 200 Jahre später konnte KI Menschen im Schach besiegen.

1950ER & 1960ER JAHRE – INTELLIGENTE ROBOTER

In den 1950er Jahren wurde Unimat erfunden, der erste Industrieroboter. Er baute Autos, konnte aber auch für zahlreiche andere Aufgaben programmiert werden. Über zehn Jahre später entstand Shakey, der erste „intelligente“ Roboter. Shakey „sah“ mittels einer eingebauten Fernsehkamera und fand sich dank Echolot in seiner Umgebung zurecht.

1997 – ERKUNDUNG DES SONNENSYSTEMS

Sojourner landete auf dem Mars und wurde dadurch zum ersten Roboter auf einem fremden Planeten. Er machte auf der Oberfläche des Mars Fotos und nahm Messungen vor und sendete Fotos und Messergebnisse zur Erde. Anstatt der geplanten sieben Tage konnte er seine Aufgaben 83 Tage lang erfüllen!

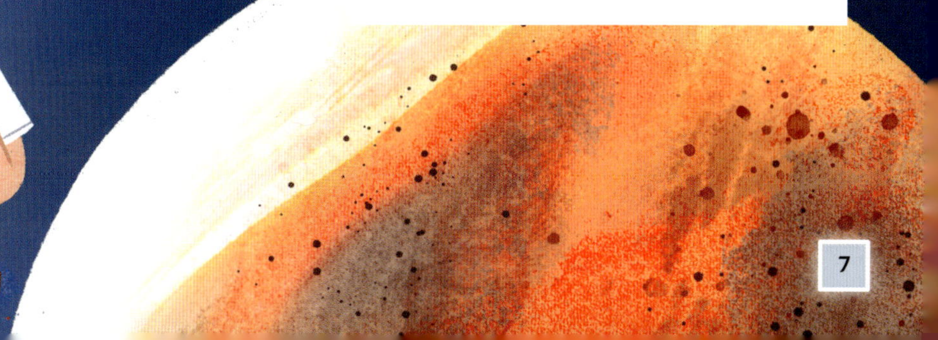

HARDWARE UND SOFTWARE

Roboter bestehen gewöhnlich aus einem Körper (das ist die Hardware) und einem elektronischen „Gehirn“ (das ist die Software). Hardware ist alles, was man am Roboter berühren kann, wie Räder, Kameras und Batterien. Software ist der Computercode, der es dem Computer ermöglicht, Aktionen zu planen und auszuführen.

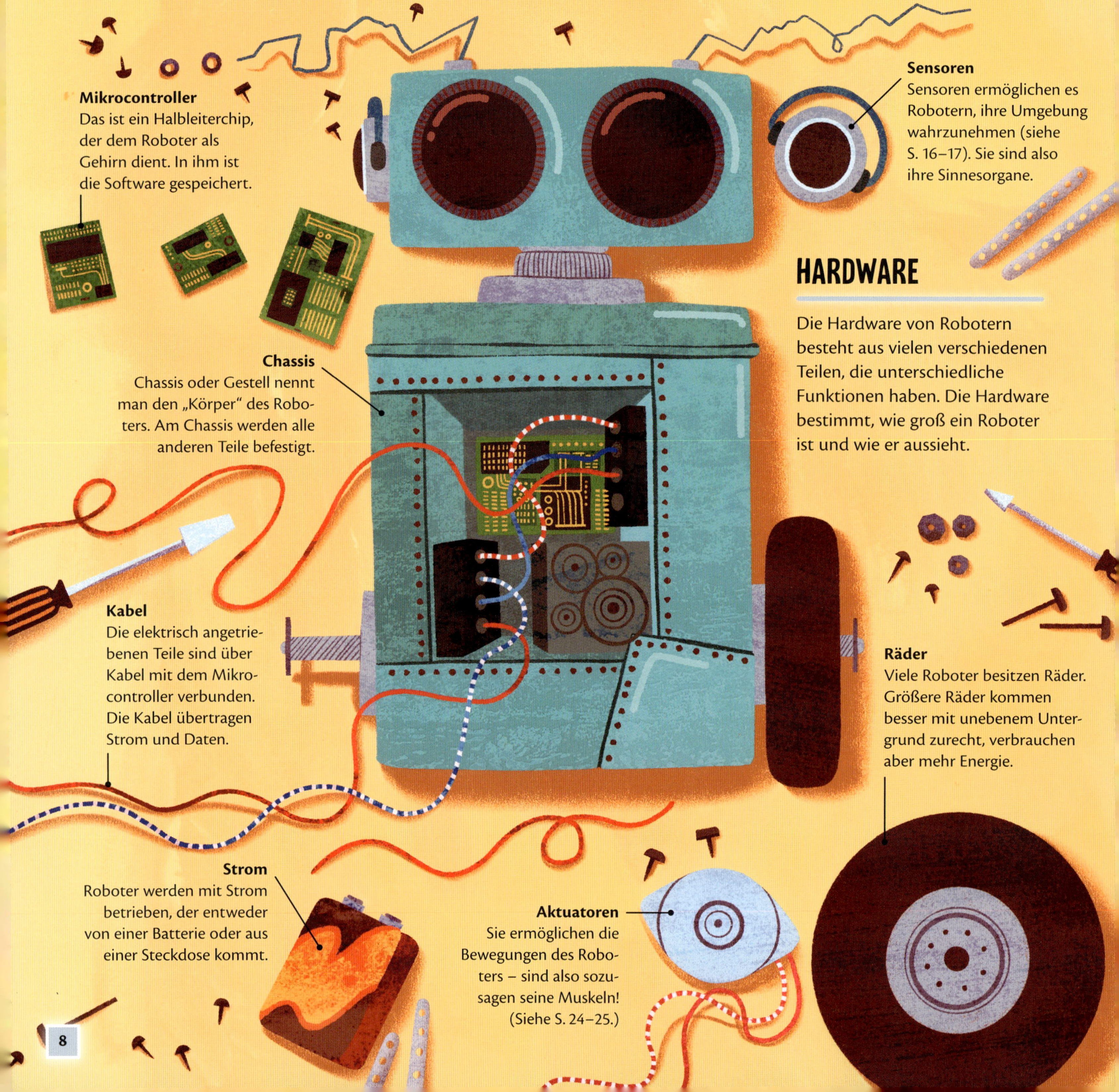

HARDWARE

Die Hardware von Robotern besteht aus vielen verschiedenen Teilen, die unterschiedliche Funktionen haben. Die Hardware bestimmt, wie groß ein Roboter ist und wie er aussieht.

SOFTWARE

Der fertig konstruierte Körper eines Roboters ist nur eine leere Hülle. „Lebendig“ wird er erst durch Software. Forschende der Roboter-Technik schreiben Programme, die es dem Roboter ermöglichen, zu „denken“ und sich zu bewegen. Sobald sie installiert sind, ist der Roboter … geboren!

BEIM BASTELN VON ROBOTERN LERNT MAN VIEL DAZU!

Die Software eines Roboters wird von Programmierern in einer besonderen Sprache geschrieben, etwa in Python, C++ oder Java. Computerprogramme sind wie Rezepte: Sie sagen dem Roboter, was er tun muss, um ein bestimmtes Ergebnis zu erzielen.

Die Software sagt der Hardware, was sie tun soll. Ein Beispiel: Der Befehl: „Heb die Kiste auf!“, setzt sich zusammen aus den Anweisungen: „Drehe diesen Motor um 30 Grad!“ und „Schließe die Greifer!“. Und – tadaa! Der Roboter führt die Aufgabe aus.

WAS IST EIN ROBOTER?

Was ist der Unterschied zwischen einer Maschine und einem Roboter? Ist ein Toaster ein Roboter? Oder ein Haarföhn? Ein Roboter ist eine Maschine, die Informationen aus ihrer Umgebung wahrnehmen kann, planen kann, wie sie darauf reagiert, und dann wie geplant handelt. Sobald der Roboter diese drei Schritte abgeschlossen hat, kehrt er zum Anfang der Abfolge zurück – und nimmt wahr, plant und handelt …
und immer so weiter.

SCHRITT 1: WAHRNEHMEN

Über Sensoren (siehe S. 16–17) nehmen Roboter ihre Umgebung wahr. Zu diesen Sensoren können Kameras, Mikrophone und Tastsensoren gehören.

SCHRITT 2: PLANEN

Um zu planen, fasst ein Roboter zusammen, was er wahrgenommen hat, was sein Ziel ist und welche Hindernisse zwischen ihm und dem Ziel liegen. Dann plant er seine Vorgehensweise. Muss er springen? Falls ja, wie hoch? Und in welche Richtung?

SCHRITT 3: HANDELN

Zeit für den Sprung! Jeder Robotertyp handelt anders. Vielleicht springt er über Felsblöcke wie unser Roboter hier. Oder er tut etwas ganz anderes. Das Handeln kann dazu führen, dass sich dadurch die Umgebung des Roboters verändert. Ist er gesprungen, sieht seine Umgebung jetzt etwas anders aus. Also kehrt der Roboter zu Schritt 1 zurück und beginnt wieder mit der Abfolge von Wahrnehmen, Planen und Handeln.

ROBOTERKÖRPER

Manche Leute meinen mit „Roboter“ und „Künstlicher Intelligenz“ (KI) dasselbe. Tatsächlich aber besteht zwischen beidem ein riesiger Unterschied. Roboter nutzen oft KI, ebenso wie Chatbots und Figuren aus Videospielen es tun. Doch Roboter können auch laufen, springen oder schmutzige Wäsche aufheben. Was Roboter von anderen KI-Objekten unterscheidet, ist, dass Roboter wirkliche Körper besitzen und nicht nur in einem Computer existieren.

Superrealistische Roboter
Wie fändest du es, einen Roboter-Zwilling zu haben? Man kann Roboter so konstruieren, dass sie wie Menschen oder Tiere aussehen. Menschenähnliche Roboter nennt man Humanoide. Sind sie sehr menschenähnlich, spricht man von Androiden.

IN BEWEGUNG

Weil sie einen Körper besitzen, können Roboter ihre Umgebung verändern, etwa indem sie etwas hochheben und es anderswo absetzen. Und sie können auch sich selbst bewegen, müssen also nicht dort bleiben, wo sie hingebracht wurden.

Robotertanz
Roboter können sogar tanzen! Allerdings müssen dafür die Bewegungen verschiedener Körperteile aufeinander abgestimmt werden.

ROBOTIKER BRAUCHTEN ANDERTHALB JAHRE, UM EINEN ROBOTER FÜR EINEN DREIMINÜTIGEN TANZ ZU PROGRAMMIEREN.

Alexa, warum kannst du nicht tanzen?
Sprachassistenten wie Alexa können sprechen und zuhören. Sie haben auch eine physische Gestalt, bewegen sich aber nicht. Ist ein Sprachassistent ein Roboter? Was meinst du?

DAS POTENZIAL DER KI

Künstliche Intelligenz spielt bereits in vielen Bereichen unseres Alltags eine wichtige Rolle. Ein Roboter mit KI aber ist etwas wirklich Aufregendes. Vergleiche einen Chatbot am Telefon mit einem sprechenden Roboter. Beide können dank KI zuhören und sprechen, doch der Roboter kann auch näher herankommen, um besser zu hören, und das Gesagte mit Gesten verdeutlichen.

WAS IST KI?

Als Künstliche Intelligenz bezeichnet man die Fähigkeit einer Maschine, selbst zu denken. Nicht alle KI ist gleich, sie hängt immer von den speziellen Aufgaben der jeweiligen Maschine ab. Es gibt KI, die ihre eigene Umgebung erkundet (siehe S. 16–17), während andere KI menschliche Sprachen versteht (siehe S. 20–21). Maschinelles Lernen (siehe S. 18–19) ist eine KI, die lernen kann!

Von Menschen kontrolliert
Ein vollkommen ferngesteuerter Computer verfügt über keinerlei Selbstständigkeit.

Halb autonom
Wenn der Roboter dahin rollt, wohin er gelenkt wird, aber ohne fremde Hilfe Hindernisse überwindet, verfügt er über eine gewisse Selbstständigkeit.

Vollkommen selbstständig
Wenn der Roboter selbst entscheidet, wohin er fährt, ist er vollkommen selbstständig.

WER HAT DIE KONTROLLE?

Um selbstständig zu sein, muss ein Roboter KI besitzen. Roboter können in unterschiedlichem Maß selbstständig sein, von ferngelenkt bis hin zu vollständig autonom. Um das besser zu verstehen, stellen wir uns Roboter vor, die herumfahren können und über unterschiedliche Grade an Selbstständigkeit verfügen.

DER BEGRIFF „KÜNSTLICHE INTELLIGENZ" WURDE 1956 ERFUNDEN.

WAS HAST DU GETAN?

KI wird von Menschen geschaffen, die Computerprogramme schreiben. Programme für KI sind so komplex, dass sogar die Leute, die sie geschrieben haben, kaum verstehen, wie sie funktionieren. Man bezeichnet diese Programme auch als „Black Box“: Zwar kann man sehen, was in das Programm hineinkommt und was das Ergebnis ist, doch weiß man nicht, wie das eine zum anderen führte, denn wir können in die „Black Box“ nicht hineinschauen. Deshalb versuchen Computerprogrammierer KI zu schaffen, die genau erklären kann, wie sie getan hat, was sie getan hat.

HÖR ZU!

Über Mikrophone hören Roboter, was um sie herum vorgeht. Sie nehmen Geräusche wahr, die wir ebenfalls hören, aber auch Töne, die für uns zu hoch oder zu tief sind. Manche Roboter machen sich mit Hilfe von Geräuschen ein Bild von ihrer Umgebung: Sie senden Laute aus und nehmen die zurückgeworfenen Schallwellen wahr – so wie Fledermäuse es tun.

TASTSINN

Über Tastsensoren nehmen Roboter Druck, Schwingungen oder die Strukturen von Oberflächen wahr. Manche Sensoren funktionieren so ähnlich wie Touchscreens.

AUFRECHT STEHEN

Mit Hilfe von Gyroskopen, Beschleunigungsmessern und Magnetometern halten Roboter ihr Gleichgewicht. Diese Sensoren informieren den Roboter, wie er ausgerichtet ist und wie schnell er sich bewegt, damit er sich laufend gerade richten kann.

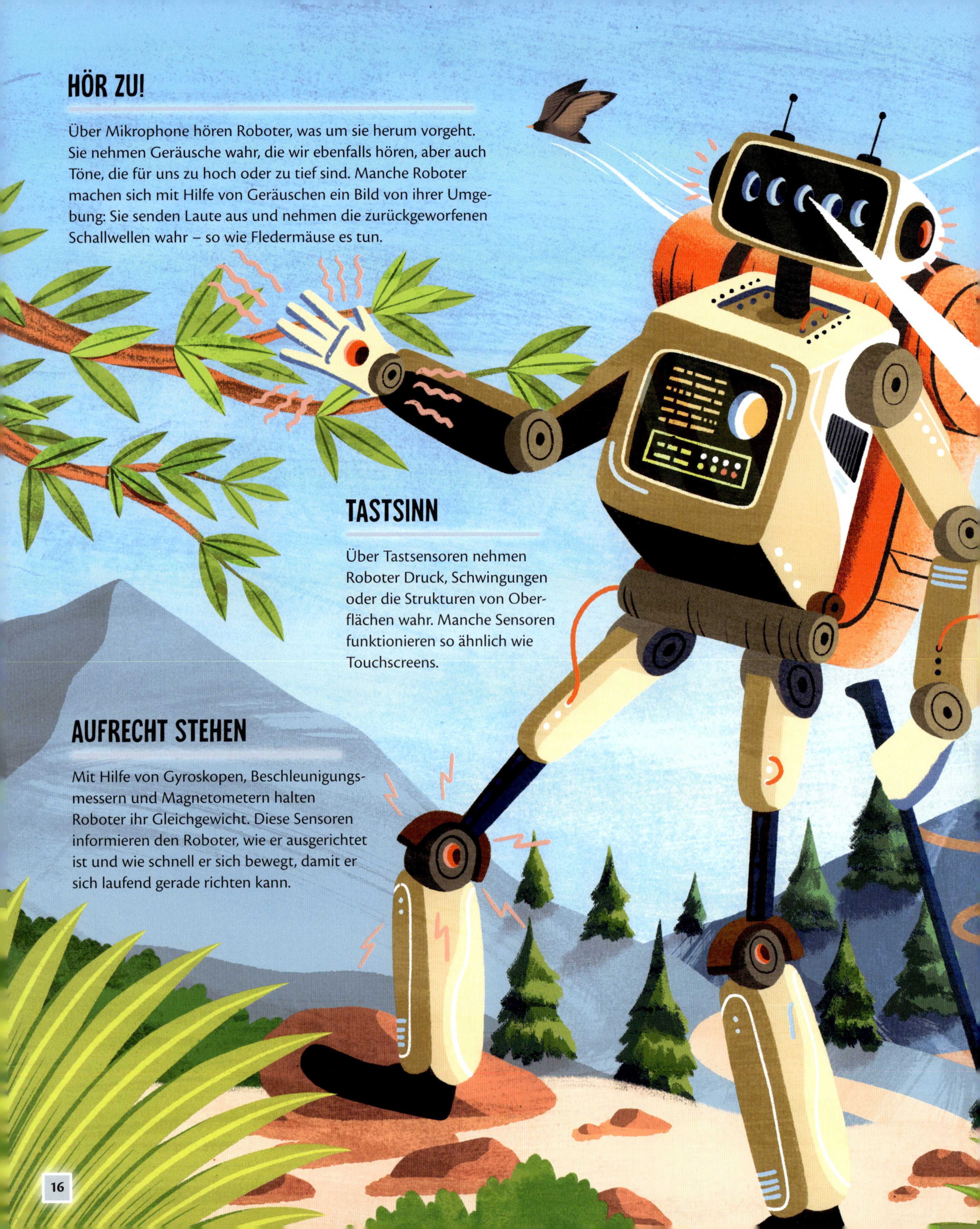

PASS AUF!

Achte auf deine Umgebung: Was kannst du gerade sehen, hören, riechen und ertasten? Dazu benutzt du deine Sinnesorgane: deine Augen, Ohren, die Nase und die Finger. Roboter tun etwas Ähnliches. Sie nutzen Sensoren, um ihre Umwelt zu erkunden. Manche ihrer Wahrnehmungen sind ein bisschen so wie unsere, zum Beispiel Bilder und Geräusche. Es gibt aber auch Roboter, die Dinge wahrnehmen, die wir nicht spüren, wie etwa Magnetfelder. Sensoren sammeln Daten, die der Roboter verarbeitet, um seine Umgebung zu verstehen.

KAMERA-AUGE

Roboter „sehen" mit Hilfe von Kameras. Sie erkennen dieselben Farben wie wir sowie einige, die wir nicht sehen können, wie etwa Infrarot. Manche Roboter setzen Laserstrahlen ein, um Entfernungen zu messen. Die gewonnenen Daten nutzen sie, um ihre Umgebung zu erkennen.

Laser-Entfernungsmesser

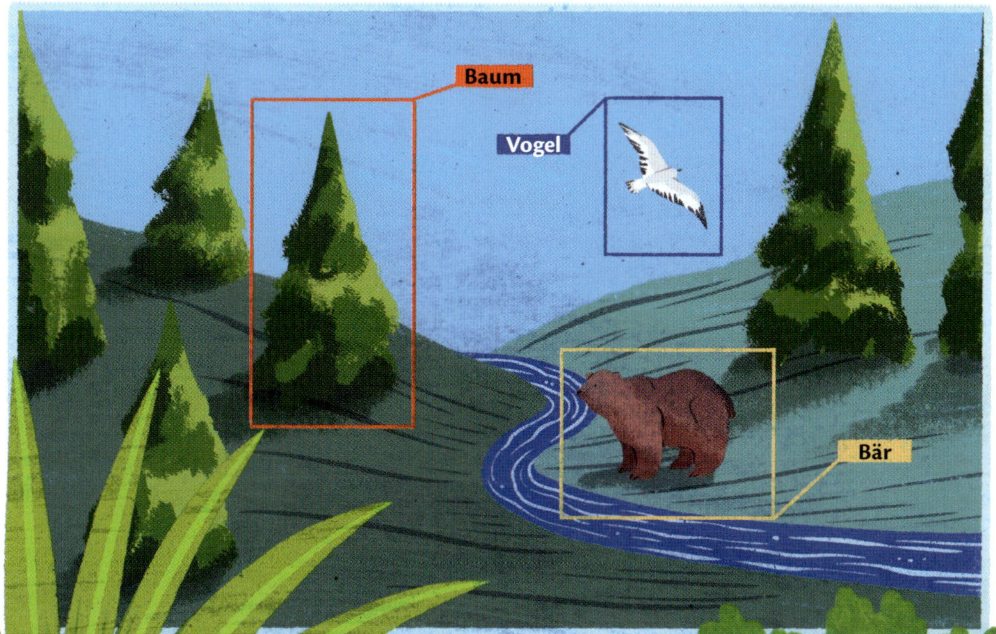

identifizierte Objekte

SCHLAUE MASCHINEN

Je älter du wirst, desto mehr Informationen nimmst du auf, und du entwickelst laufend neue Fähigkeiten. Bei Robotern ist es genauso! Manchmal ist es nämlich einfacher, einen Roboter zu bauen, der aus Erfahrungen lernt, als ihn von vorneherein umfassend zu programmieren. Diesen Bereich der KI nennt man „maschinelles Lernen". Schauen wir uns mal an, wie sich Roboter weiterbilden!

ÜBERWACHTES LERNEN

Bei dieser Methode erhält der Roboter Beispiele dessen, was er erlernen soll. Wenn er viele Bilder von Kuchen sieht, lernt er, Kuchen zu unterscheiden.

NICHT ÜBERWACHTES LERNEN

Anstatt dass ihm gezeigt wird, was er lernen soll, lernt der Roboter durch das Erkennen von Mustern. Ein Beispiel: Ein Roboter, dem viele verschiedene Früchte gezeigt werden, lernt, frisches von verdorbenem Obst zu unterscheiden. Trotzdem weiß er nicht, was essbar ist und was nicht!

LERNEN DURCH RÜCKMELDUNG

Roboter können durch positive und negative Rückmeldung lernen – vor allem beim Einüben von Bewegungsabläufen wie dem Binden einer Schleife. Der Roboter kann es auf verschiedene Weisen versuchen und Rückmeldungen erhalten, ob das Ergebnis gut oder schlecht ist. Auf diese Weise wird er eines Tages die perfekte Schleife binden.

ROBOTER-GENIES

Eine immer beliebtere Methode des maschinellen Lernens ist das tiefe Lernen. Erfunden haben es … wir Menschen! Es versucht die Art und Weise nachzuahmen, in der unsere Gehirne aufgenommene Informationen in einem neuronalen Netz zusammentragen und kombinieren. Diese Methode eignet sich zum Erlernen komplexer Konzepte, wie zum Beispiel von Sprachen.

LERNEN DURCH NACHAHMEN

Roboter können sich von Menschen Fertigkeiten abschauen. Auf diese Weise lernt ein Roboter zum Beispiel, einen Golfball abzuschlagen.

SPRICH MIT MIR!

Kommunikation ist für Roboter ebenso wichtig wie für uns Menschen. Um mit Menschen zusammenarbeiten zu können, müssen Roboter mit ihnen kommunizieren. Das kann verbal erfolgen, das heißt durch Worte, oder nicht verbal durch Gesten. Außerdem können Roboter auch noch auf andere Arten kommunizieren als wir Menschen.

VERBALE KOMMUNIKATION

Roboter verstehen menschliche Sprachen mit Hilfe des KI-Bereichs „Verarbeitung natürlicher Sprachen“ (*natural language processing* – NLP). NLP besteht aus Zuhören und Sprechen. Beim Zuhören muss der Roboter die gehörten Laute in Wörter übersetzen. Beim Sprechen wandelt er Ideen in Wörter um.

NICHT VERBALE KOMMUNIKATION

Außer durch Wörter können Roboter auch durch Gesten kommunizieren: durch Schauen, Winken und Gesichtsausdrücke. Also genau wie Menschen! Wenn dir eine Person in die Augen schaut, weißt du, dass sie dir Aufmerksamkeit schenkt. Roboter können das auch. Was hält dieser Roboter von der Fahrt im Autoscooter? Sein Gesichtsausdruck und die Körperhaltung verraten es dir.

Manche Roboter beherrschen viele Gesichtsausdrücke.

BESONDERE FÄHIGKEITEN

Robotern stehen jedoch wesentlich mehr Kommunikationswege zur Verfügung als uns Menschen. So können sie zum Beispiel Emotionen über Monitore oder farbige Lichter ausdrücken. Durch welche Farbe würde ein Roboter Ärger ausdrücken? Und durch welche Farbe Glücksgefühle oder Zufriedenheit?

ROBOTER ALS LEHRER

Viele Roboter sind darauf ausgerichtet, alleine zu arbeiten. Doch es gibt auch Roboter, die Menschen etwas beibringen sollen. Man nennt sie soziale Roboter. Sie müssen in der Lage sein, sowohl verbal als auch nicht verbal zu kommunizieren, damit man sich mit ihnen unterhalten und sie sogar mögen kann. Außerdem müssen sie die Gedanken, Ideen und Gefühle von Menschen erkennen können.

MACH ES MIR NACH!

Viele Menschen könnten bei der Gymnastik etwas Hilfe brauchen. Soziale Roboter machen ihnen die Übungen vor und ermutigen sie. Sie eignen sich perfekt als Trainer für ältere Leute oder Reha-Patienten.

FREUNDSCHAFT

Werden sich Roboter eines Tages wie Freunde verhalten? Mit einem Roboter könnte man sich unterhalten wie mit einem anderen Menschen. Man könnte mit ihm auch spazieren gehen oder einen Film anschauen. Doch wird es wohl nie KI geben, die uns so gernhaben kann, wie Menschen es können.

LERNEN UND SPIELEN

Soziale Roboter könnten Kindern Mathenachhilfe geben und beim Sprachenlernen helfen. Sie könnten Kinder auch unterhalten, ihnen lustige Filme zeigen oder Gutenachtgeschichten vorlesen.

WER IST STÄRKER?

Glaubst du, du könntest einen Roboter beim Armdrücken besiegen? Wohl eher nicht. Je mehr Gewicht ein Aktuator bewegen kann, desto schwerer ist er, und desto mehr Energie verbraucht er.

ZIEHEN UND DREHEN

Lineare Aktuatoren ziehen sich zusammen und dehnen sich. So entsteht eine Zieh-schieb-Bewegung. Rotierende Aktuatoren drehen sich um eine Achse und erzeugen eine Drehbewegung. Beide Typen können Teile von Robotern sein und Bewegungen erzeugen.

Ein Bagger kann dank linearer Aktuatoren seinen Arm beugen und strecken.

Ein ferngesteuertes Auto dreht seine Reifen mittels rotierender Aktuatoren.

MUSKELN AUS STAHL

Du bist einem Roboter ähnlicher, als du vielleicht denkst! Wir haben Muskeln, die es uns ermöglichen, zu laufen, zu springen und uns zu dehnen. Unsere Muskeln beugen und strecken sich, um Teile des Körpers zu bewegen. Die Muskeln der Roboter nennt man Aktuatoren. Sie wandeln Energie in Bewegung um. Beuge und strecke deinen Ellbogen. Das geht, weil sich deine Armmuskeln zusammenziehen und dehnen können. Ein Aktuator, der zwei Teile eines Roboterarms verbindet, erzeugt eine vergleichbare Bewegung.

AUFLADEN

Ebenso wie unsere Muskeln Nährstoffe brauchen, brauchen Roboter Energie für ihre Aktuatoren. Kleine Aktuatoren nutzen elektrischen Strom, andere Wasserdruck oder Luftdruck.

EINES TAGES WERDEN SICH ROBOTER MIT SOLARENERGIE SELBST AUFLADEN.

Manche Roboter werden über ein Stromkabel aufgeladen. Wenn sie viel Energie brauchen, bleiben sie ständig mit einer Stromquelle verbunden.

DEN PLANETEN RETTEN

Roboter können auch der Umwelt helfen! Der Klimawandel hat zu starken Veränderungen in den Ökosystemen geführt, die wiederum Dürreperioden und Überschwemmungen verursachen. Roboter können Veränderungen der Ökosysteme beobachten und vor auftretenden Problemen warnen. Auch können sie bei Waldbränden und anderen durch den Klimawandel entstandenen gefährlichen Situationen Hilfe leisten.

VORAUSDENKEN

Roboter können die Umwelt beobachten und bei auftretenden Problemen frühzeitig warnen. Sie können die Verschmutzung eines Flusses messen oder in einem Wald Pflanzen und Tiere aufspüren und erfassen.

FEUER BEKÄMPFEN

Waldbrände breiten sich rasch aus und vernichten dann riesige Flächen. Roboter können den Feuerwehrleuten auf mehrere Weisen helfen: Sie können Feuer mit Wasser oder Schaum besprühen, im Wald Wege frei machen oder schwere Ausrüstungen transportieren.

UMWELTFREUNDLICHE ROBOTER NENNT MAN AUCH „GRÜNE ROBOTER".

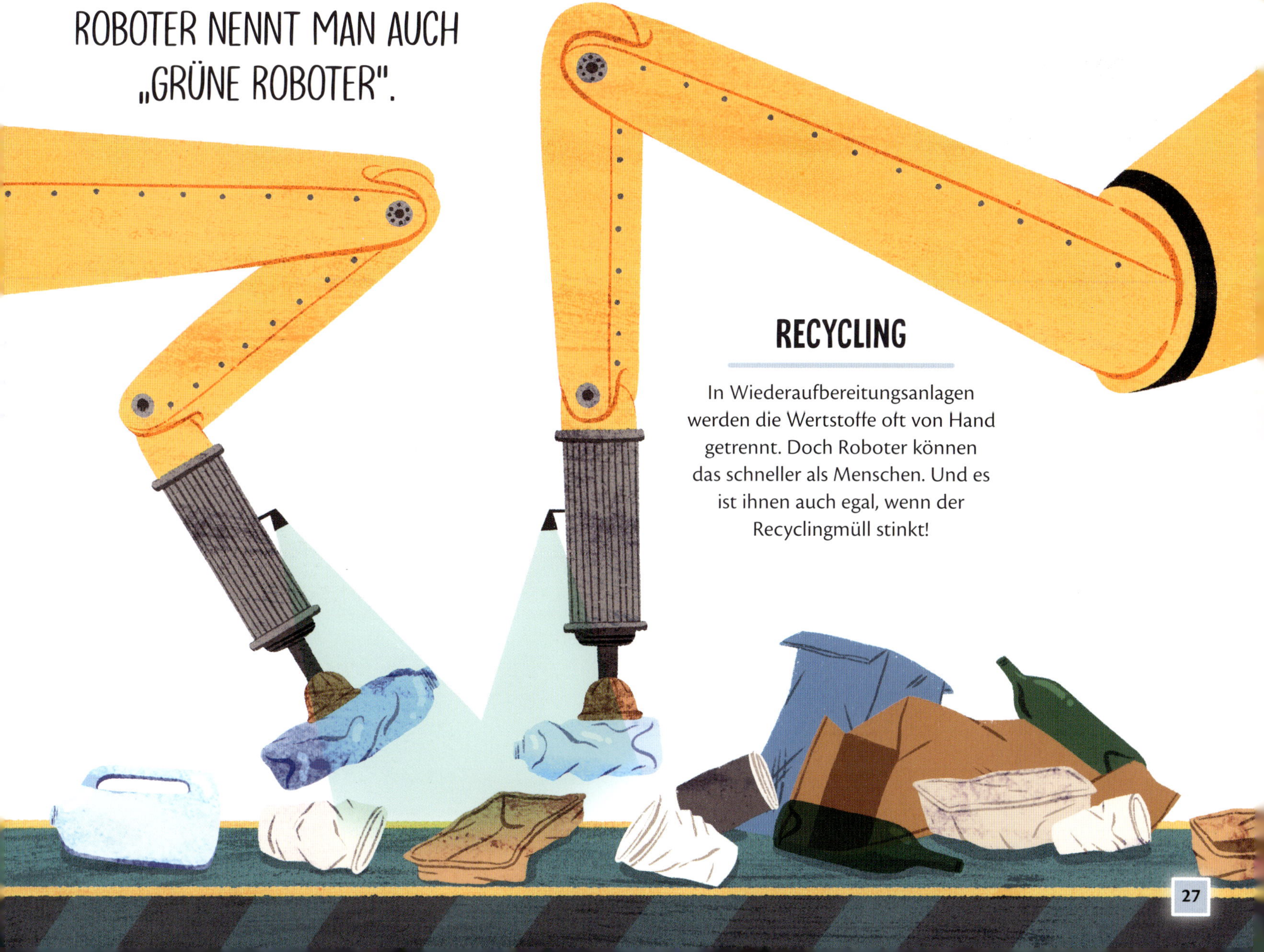

RECYCLING

In Wiederaufbereitungsanlagen werden die Wertstoffe oft von Hand getrennt. Doch Roboter können das schneller als Menschen. Und es ist ihnen auch egal, wenn der Recyclingmüll stinkt!

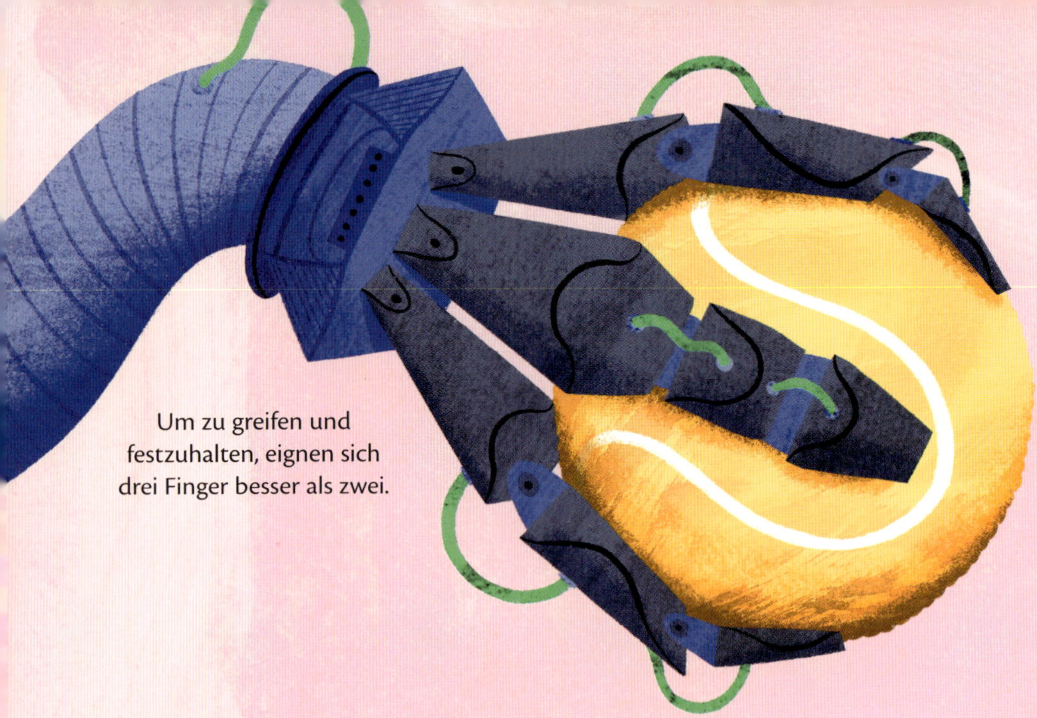

Um zu greifen und festzuhalten, eignen sich drei Finger besser als zwei.

GUT FESTHALTEN!

Greifer sind jene Teile eines Roboters, mit denen er Gegenstände ergreift oder festhält. Je nach Funktion haben sie verschiedene Formen. Teile von ihnen können wie Finger aussehen, aber nur selten sind sie so beweglich wie unsere Menschenfinger.

GESCHICKLICHKEITEN

Gäbe es eine Roboterschule, würden Roboter dort als Erstes lernen, Dinge zu bewegen. Roboter tun dies meist, indem sie die Dinge mit handähnlichen Greifern halten. Dank dieser Schlüsselfertigkeit können sie viele Aufgaben übernehmen, wie das Putzen oder das Holen von Gegenständen.

Manche Greifer sind weich: Außen haben sie einen elastischen Überzug, innen ist Luft, Flüssigkeit oder Sand. Dadurch können sie ihre Form ändern.

Parallel montierte Greifer wirken wie eine Zange: Zwei „Finger" bewegen sich, um einen Gegenstand zu umklammern.

Stell dir vor, du hättest einen Roboter, der deine Spielsachen aufhebt und sie für dich aufräumt.

SCHIEBEN UND ZIEHEN

Roboter können Gegenstände nicht nur festhalten, sondern auch schieben und ziehen, damit diese gleiten, kippen oder rollen. Dabei ahmen die Roboter Bewegungen von Tieren nach, die größtenteils ja auch keine Hände haben.

EINHÄNDIG

Robotern fällt es schwer, einen Gegenstand in einer Hand zu drehen. Probier es mal aus! Für dich ist es leicht. Ein Roboter aber kann das nicht gut, weil seine Greifer nicht so beweglich sind, wie die menschliche Hand.

UNTERWEGS

Roboter bewegen sich auf unterschiedliche Weise vorwärts. Manche rollen auf Rädern, andere laufen auf Beinen. Es gibt Roboter, die fliegen, gleiten oder sogar schwimmen können. Fortbewegung auf dem Land muss an unterschiedliche Gegebenheiten angepasst sein: Auf Eis vorwärtszukommen ist anders als auf Sand.

HILFREICHE RÄDER

Roboter mit Rädern fallen seltener um als solche mit Beinen. An einem Roboter können ein bis vier oder sogar noch mehr Räder sein. Mit ihnen kann er über unterschiedliche Oberflächen rollen: über Wiesen, Straßen, die Oberfläche des Mars …

HERUMLAUFEN

Roboter mit zwei Beinen bezeichnet man als „biped“. Viele Roboter besitzen vier oder mehr Beine, auf denen sie leichter im Gleichgewicht bleiben. Die schnellsten vierbeinigen Roboter laufen schneller als der schnellste Mann der Welt!

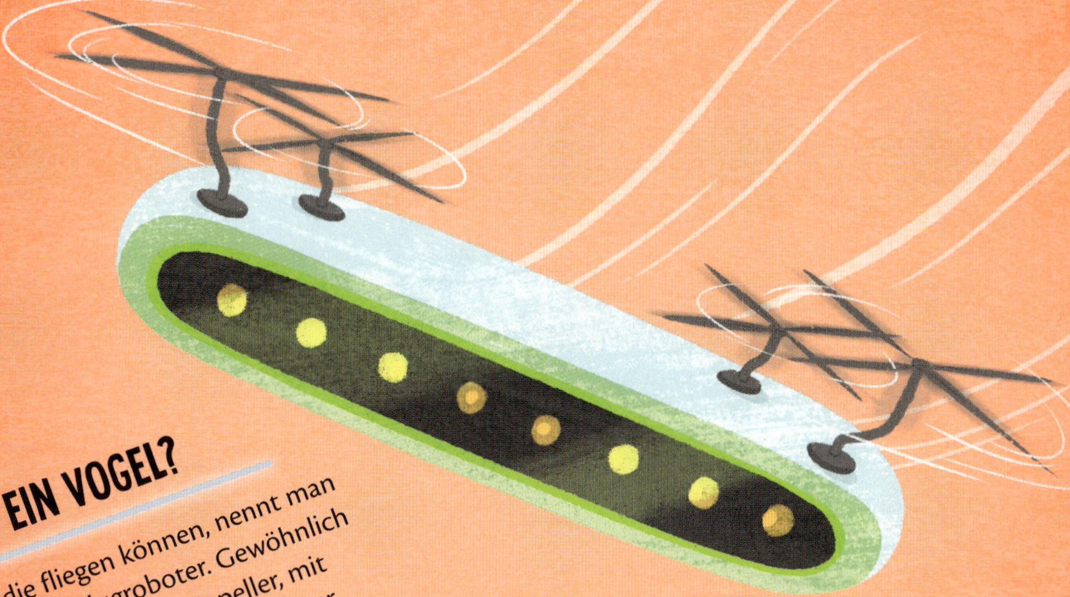

IST DAS EIN VOGEL?

Roboter, die fliegen können, nennt man Drohnen oder Flugroboter. Gewöhnlich besitzen sie rotierende Propeller, mit denen sie ähnlich wie Hubschrauber aufsteigen und herumfliegen.

VON TIEREN INSPIRIERT

Roboter-Konstrukteure suchen ihre Anregungen gerne in der Natur. Manche Roboter kriechen wie Schlangen. Andere schwimmen mit Hilfe von Rotoren wie U-Boote oder durch Seitwärtsbewegungen wie Fische.

FLEISSIG UND UMWELTSCHONEND

Unkrautjäten ist wichtig, macht aber nicht wirklich Spaß. Roboter könnten sorgfältig und gründlich Unkraut entfernen, so dass kein Unkrautvernichter mehr gesprüht werden muss.

HELFER IN DER LANDWIRTSCHAFT

Unsere Lebensmittel anzubauen ist harte Arbeit, die zudem viel Wissen und Erfahrung erfordert. Roboter könnten auch das Leben der Landwirtinnen und Landwirte erleichtern! Sie könnten beim Anbau, der Pflege und dem Ernten von Gemüse, Obst und Salaten helfen, indem sie zeitraubende Arbeiten wie das Unkrautjäten, das Überwachen der Felder oder das Ernten übernehmen.

QUALITÄTSKONTROLLE

Roboter, die mittels Kameras „sehen", können Schädlinge und Krankheiten auf Feldern und Beeten frühzeitig melden und sind deshalb eine große Hilfe. Drohnen behalten auch große Felder im Blick, Roboter machen Nahaufnahmen einzelner Pflanzen.

TAFELFERTIG

Ernten ist anstrengend, und Menschen brauchen dafür oft viel Zeit. Forschende wollen herausfinden, ob Roboter bei Ernten helfen könnten. Dazu müssten sie zwischen reifen und unreifen Früchten unterscheiden können und alles, was reif ist, behutsam pflücken. Die Tomaten hier rechts sind dem Roboter noch nicht reif genug …

TEAMARBEIT

In einem Multi-Roboter-System arbeiten mehrere unterschiedliche Roboter gemeinsam an einer Aufgabe, die ein einziger Roboter alleine nicht bewältigen könnte, etwa bei Erkundungs- und Rettungsmissionen. Wenn im Laufe der Mission einige Roboter ausfallen, können andere deren Teilaufgaben übernehmen.

JETZT ALLE ZUSAMMEN!

Ein zentralisiertes System steuert die Zusammenarbeit des Roboterteams. Es ist, als würde ein großes Gehirn die vielen Roboter steuern. Dieses „Gehirn" lenkt die Bewegungen jedes einzelnen Roboters, um sie auf komplizierte Arbeitsvorgänge abzustimmen oder um Zusammenstöße zu vermeiden. Hast du schon einmal eine Drohnen-Lichtershow gesehen? Sie ist das Ergebnis eines zentralisierten Multi-Roboter-Systems.

Eine Drohne einer Drohnen-Lichtershow

ROBOTER-SCHWÄRME

Nicht alle Multi-Roboter-Systeme werden von einer einzigen Zentrale gesteuert. In einem dezentralisierten System (das ist ein System ohne Zentrale) kommuniziert jeder Roboter nur mit seinen nächsten Nachbarn – ähnlich wie Vögel oder Fische in einem Schwarm.

Jeder Roboter steht also nur mit einem kleinen Teil des Schwarms in Verbindung. Dennoch ist die Wirkung all der kleinen Kommunikationssysteme so, als würde der Schwarm von einem zentralen „Gehirn“ gesteuert.

WEICH ...

AUF NUMMER SICHER

Weiche Roboter haben keine harten Teile, die Menschen verletzen oder ihre Umgebung beschädigen könnten. Sie können mit Eiern umgehen, ohne sie zu zerbrechen, und tun auch Haustieren nicht weh.

IN BEWEGUNG

Weiche Roboter haben keinen Motor. Aber wie bewegen sie sich? Manche besitzen ballonartige Teile, die sich mit Luft füllen, wie dieser Greifer: Ist er aufgeblasen, umfassen die Finger behutsam ein Objekt.

UND HART

Einen Roboter stellt man sich gerne als eine Maschine aus Metall vor. Doch gibt es auch Roboter, die weder aus Metall noch aus Plastik bestehen: Soft Roboter sind „weiche" Roboter aus biegsamen, elastischen Materialien, die ihre Form verändern können. Stell dir vor, wie ein Luftballon, den du gerade aufbläst, gegen deine Hand drückt. Weiche Roboter bewegen sich ähnlich. Sie ziehen sich zusammen oder dehnen sich aus, um vorwärtszukommen und Dinge zu packen.

„HARTE" ROBOTER SIND NICHT SO BEHUTSAM WIE SOFT ROBOTER, ABER MEIST STÄRKER.

DEN TIEREN ABGESCHAUT

Auf ihrer Suche nach neuen Ideen schauen sich Forschende gerne in der Natur um. Tiere laufen, fliegen und krabbeln – und Roboter könnten es ihnen nachmachen. Zwar sehen die fertigen Roboter anders als ihre tierischen Vorbilder aus, doch die Bewegungsmechanismen der Tiere waren eine wertvolle Anregung.

HOHE SPRÜNGE

Grashüpfer und Flöhe machen im Verhältnis zu ihrer geringen Körpergröße Riesensprünge. Technikerinnen und Techniker bauen nach ihrem Vorbild winzige leichte Roboter mit sehr schnellen Beinbewegungen.

SUMM, SUMM, SUMM

Die aus speziellen Materialien konstruierten Roboter-Bienen sind klein und leicht. Ihre Flügel-Aktuatoren bewegen sich mit 100 Schlägen pro Sekunde ähnlich schnell wie Bienenflügel. Eines Tages sollen sie die echten Bienen beim Bestäuben von Nutzpflanzen unterstützen.

BALANCIERHILFE

Die Schwänze von Affen, Katzen und Eichhörnchen helfen den Tieren, beim Laufen und Springen das Gleichgewicht zu halten. Forschende untersuchen, ob auch bestimmte Roboter Schwänze brauchen. Diese sollten sehr beweglich sein, damit sie im richtigen Moment die richtige Wirkung haben.

TIERÄHNLICHE ROBOTER HELFEN AUSSERDEM, DIE ECHTEN TIERE BESSER ZU VERSTEHEN.

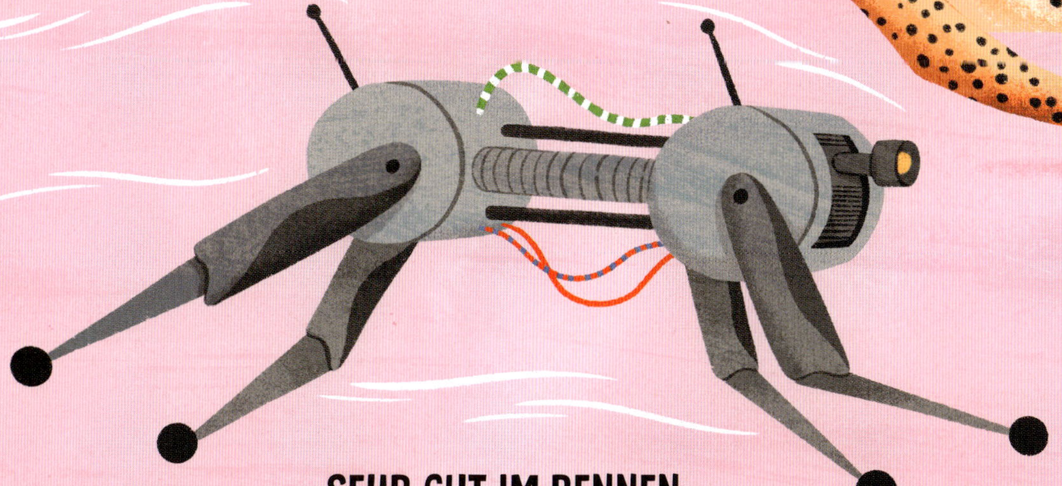

SEHR GUT IM RENNEN

Der Gepard ist das schnellste heutige Landtier. Techniker bauten Roboter, die ihre Beine nach Art der Geparden bewegen. Diese vierbeinigen Roboter zählen zu den schnellsten mit Beinen ausgestatteten Robotern!

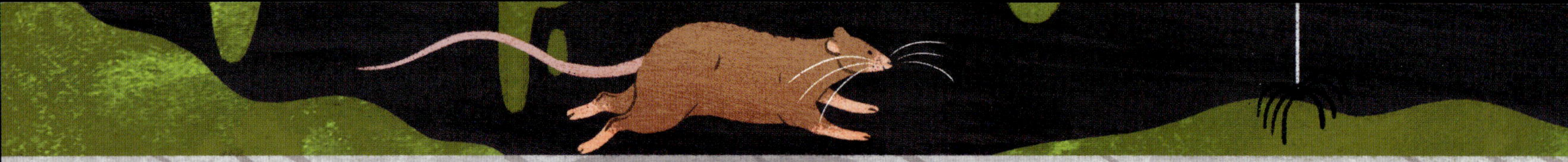

LANGWEILIG, SCHMUTZIG & GEFÄHRLICH

Es gibt viele Arbeiten, die langweilig, schmutzig oder gefährlich sind – und damit ein ideales Betätigungsfeld für Roboter darstellen. Wenn Roboter diese unbeliebten Jobs übernehmen, können Menschen sich interessanteren Aufgaben widmen. Gibt es in deinem Leben solche langweiligen, schmutzigen und gefährlichen Arbeiten, die du gerne Robotern überlassen würdest?

FLEISSIGE HELFER

In Krankenhäusern könnten Roboter schmutzige Bettwäsche und Verbandszeug wegbringen, so dass das Pflegepersonal mehr Zeit für die Patienten hat.

HIER UNTEN STINKT ES!

Robotern macht es nichts aus, eklige Umgebungen zu untersuchen. Sie tragen Filmkameras durch Kanalisationsrohre, damit Techniker die Aufnahmen auf Monitoren betrachten können, ohne sich schmutzig zu machen und sich in Gefahr zu bringen.

SEI VORSICHTIG!!

Lieber einen Roboter einsetzen als Menschen in Gefahr bringen! In Autofabriken schweißen Roboter große Teile zusammen, damit die Arbeiter nicht der großen Hitze und den aufsteigenden chemischen Dämpfen ausgesetzt sind.

KONTROLLZENTRUM

Oft sind die Tauchroboter über Kabel mit einem Schiff verbunden und werden von diesem Schiff aus gesteuert. Die Roboter übertragen aufgenommene Videofilme und gesammelte Daten in Echtzeit an die Menschen auf dem Schiff. Tauchroboter können so klein wie ein Laptop oder so groß wie ein LKW sein!

UNTERWASSERFORSCHER

Unterwasser-Roboter erforschen schwer zu erreichende Meeresregionen. Die Roboter nehmen Proben von Pflanzen und Tieren, kartieren den Meeresboden, untersuchen die unter Wasser befindlichen Teile von Schiffen und Brücken … und finden sogar versunkene Schätze! Solche Roboter müssen hohem Druck, Kälte und starken Strömungen widerstehen.

HERUMSCHWIMMEN

Es gibt aber auch Tauchroboter, die selbstständig operieren. Sie haben eine viel größere Reichweite und dringen an Orte vor, an die verkabelte Roboter nicht gelangen können. Weil sie ihren Strom aus Batterien beziehen, sind die autonomen Tauchroboter meist klein und schlank und deshalb energiesparend.

WELTRAUMFORSCHER

Astronauten sind nicht die Einzigen, die den Weltraum erkunden: Auch Roboter sind dort draußen unterwegs. Roboter hinaus ins All zu schicken ist billiger und weniger riskant, als Menschen auszusenden. Roboter können unter unwirtlicheren Bedingungen arbeiten, sie brauchen weder Schlaf noch Nahrung, und ihre Sicherheit ist kein so großes Problem.

NICHT IMMER ALLEINE

Roboterarme können außen an Raumschiffen Lasten bewegen, Reparaturen durchführen, beim Andocken von Raumschiffen helfen und sogar Konstruktionen wie die Internationale Raumstation zusammenfügen. Manche dieser Roboter sind vollkommen selbstständig, andere werden von Astronauten gelenkt.

IM SONNENSYSTEM UNTERWEGS

Forschende lassen Roboter in die Nähe von Planeten, Monden und Asteroiden fliegen oder auf ihnen landen. Die Roboter senden Aufnahmen und Daten zur Erde, wo sie gesammelt und analysiert werden. Mitunter sind diese Nachrichten länger als einen Tag unterwegs.

Voyager 2
Die 1977 gestartete Raumsonde Voyager 2 ist schon an allen Planeten unseres äußeren Sonnensystems vorbeigeflogen. Mittlerweile befindet sie sich im interstellaren Raum und erkundet weiter das All.

ASTRO-HELFER

Roboter können Astronauten auch bei Arbeiten im Raumschiff helfen. Der würfelförmige Astrobee fliegt im Inneren der Wohnkabine und filmt bei Experimenten oder beim Inventurmachen.

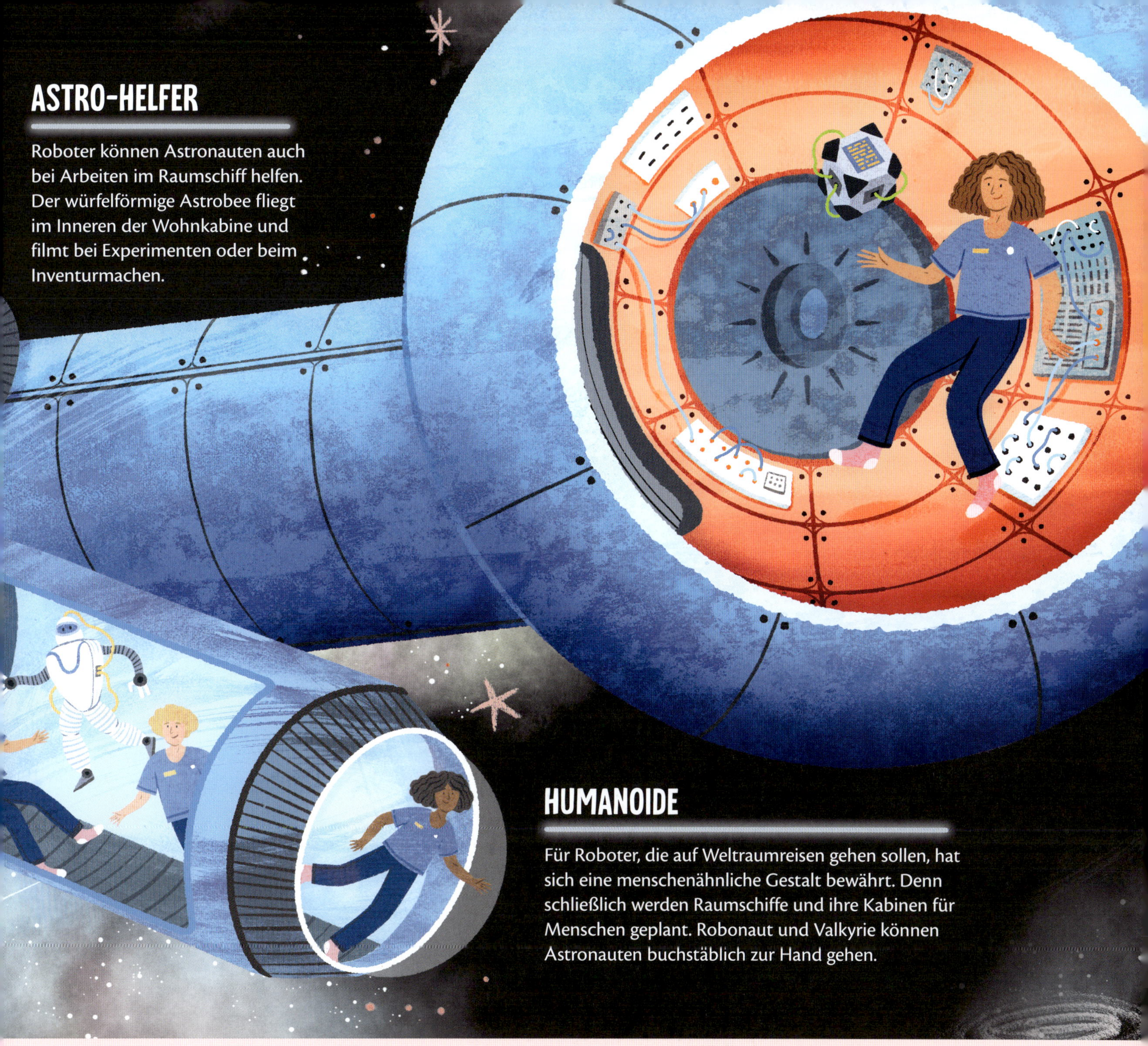

HUMANOIDE

Für Roboter, die auf Weltraumreisen gehen sollen, hat sich eine menschenähnliche Gestalt bewährt. Denn schließlich werden Raumschiffe und ihre Kabinen für Menschen geplant. Robonaut und Valkyrie können Astronauten buchstäblich zur Hand gehen.

ROBOTER SIND BEREITS ZUM MOND GEFLOGEN SOWIE ZU VENUS, MARS, JUPITER UND SATURN UND ZU MEHREREN MONDEN UND ASTEROIDEN.

Die ersten Bewohner
Rover erkunden die Oberflächen von Planeten. Sie sammeln Boden- und Luftproben. Durch deren Untersuchung erfahren wir, ob wir auf diesen Planeten leben könnten.

KATASTROPHENGEBIET

Weil Roboter an gefährlichen Orten arbeiten können, eignen sie sich für den Einsatz während und nach Katastrophen wie Gebäudeeinstürzen, Bränden, Überflutungen und Industrieunfällen. Sie zeichnen Bilder und Geräusche an Stellen auf, an die sich kein Mensch wagen kann. Sie können diese Stellen kartieren, Trümmer entfernen und eingeschlossenen Überlebenden Wasser und Nahrung bringen.

HÖR AUF DEN BOSS

Im Katastrophengebiet sind Roboter wertvolle Helfer, müssen aber von erfahrenen Menschen gelenkt werden, die auch die Entscheidungen treffen. Deshalb ist die Kommunikation zwischen den Robotern und den sie lenkenden Menschen sehr wichtig.

SCHAU NACH OBEN

Drohnen überfliegen Katastrophengebiete und suchen nach Überlebenden oder messen die Luftqualität. Größere Drohnen werfen über schwer zugänglichen Stellen Hilfsgüter ab.

ROBOTER WURDEN SCHON NACH ATOMUNFÄLLEN, ERDBEBEN UND WALDBRÄNDEN EINGESETZT.

LANDEN UND ABROLLEN

Raupen-Roboter kommen auch in unwegsamem, unebenem Gelände voran. Manchmal sind sie mit Sensoren ausgestattet, die es ihnen ermöglichen, auch in dichtem Staub und Rauch ihre Umwelt zu erfassen.

IN SICHEREN HÄNDEN

Forschende entwickeln Roboter, die Überlebende aus Katastrophengebieten bergen sollen. Sie müssen stark genug sein, um einen Menschen zu tragen, aber so sanft mit ihm umgehen, dass sie ihn nicht verletzen.

KRIEGSWAFFEN

Technische Errungenschaften werden auch in Kriegen eingesetzt, und Roboter machen da keine Ausnahme. Manche Leute halten den Einsatz von Robotern im Krieg für richtig und sagen, dass Roboter zuverlässiger und gleichmäßiger kämpfen als Menschen. Andere wiederum finden, dass Roboter allzu mühelos Menschen töten können und dass Maschinen keine Entscheidungen über Leben und Tod fällen dürfen. Deshalb sollten sie nicht im Krieg eingesetzt werden. Was ist deine Meinung?

DROHNEN

Drohnen sind unbemannte Flugroboter. Sie werden von Menschen gelenkt, die sich am Boden und normalerweise weit weg vom Einsatzort der Drohnen befinden. Im Krieg setzt man Drohnen ein, um Informationen über feindliche Truppen zu sammeln. Es gibt aber auch Drohnen, die Bomben transportieren und abwerfen können. Deshalb wird heftig darüber diskutiert, ob Drohnen überhaupt in Kriegen eingesetzt werden sollten.

PACKESEL

Soldaten müssen oft schwere Ausrüstungen mit sich führen, und das über große Entfernungen. Inzwischen gibt es Roboter, die ihnen diese Last abnehmen können. Es sind Maschinen mit vier Beinen, die wie kopflose Pferde aussehen. Sie müssen leistungsstarke Batterien haben, die viel Energie speichern und auch in unwegsamem Gelände vorankommen – und das auch noch möglichst leise!

IN VIELEN STAATEN IST ES GESETZLICH GEREGELT, OB ROBOTER IM KRIEGSFALL EINGESETZT WERDEN DÜRFEN.

BOMBENENTSCHÄRFUNG

Das Entschärfen vom Bomben ist extrem gefährlich. Ein speziell konstruierter Roboter kann diese Aufgabe übernehmen. Der Sprengmeister lenkt ihn über eine Fernsteuerung. Roboter helfen auch bei der Suche nach Minen.

ZUTRITT VERBOTEN!

Fabrikroboter arbeiten oft in Bereichen, zu denen Menschen keinen Zutritt haben. Denn diese Roboter sind sehr stark und arbeiten sehr schnell. Sie könnten Menschen verletzen, die ihnen zu nahe kommen.

IMMER WIEDER DASSELBE

Roboter wie diese Pizza-Roboter eignen sich gut für Fließbandarbeit, weil dabei laufend dieselben Bewegungen auszuführen sind. Allerdings tun Roboter nur das, wofür sie programmiert sind. Wenn etwas Unvorhergesehenes passiert, können sie anders als Menschen nicht auf angemessene Weise darauf reagieren.

HUCH, IST DAS SCHWER!

Das Befördern von Lasten von einem Ort zum anderen ist eine Kernaufgabe von Robotern in Warenlagern. Sie können schwere Paletten anheben und transportieren, aber auch Artikel an Kunden liefern. In vielen Warenlagern werden die Produkte über ein Netzwerk intelligenter Roboter weiterbefördert.

IN DER FABRIK

Roboter werden häufig in Fabriken und Warenlagern eingesetzt, weil sie schnell und präzise arbeiten. Hier geht es darum, bestimmte Bewegungsabläufe immer wieder rasch auszuführen und mit Materialien zu arbeiten, die stets gleich vorbereitet sind. Arbeitsbedingungen, die Roboter lieben!

VERPACKUNGSKÜNSTLER

Roboter sind gut im Sortieren und Verpacken. Sie können Kartons so mit Artikeln füllen, dass in jedem Karton gleich viele davon landen. Oft verfügen diese Roboter über Greifer, die mehrere Objekte gleichzeitig aufnehmen.

SPEZIALAUFGABEN

Roboter sind dort hilfreich, wo große Genauigkeit wichtig ist, wie etwa bei der Produktion elektronischer Geräte. Oder dort, wo es auf höchste Keimfreiheit ankommt, wie bei der Herstellung von Medikamenten. Anders als Menschen brauchen die Roboter den sterilen Produktionsbereich nicht zu betreten und zu verlassen: Sie bleiben einfach am Platz.

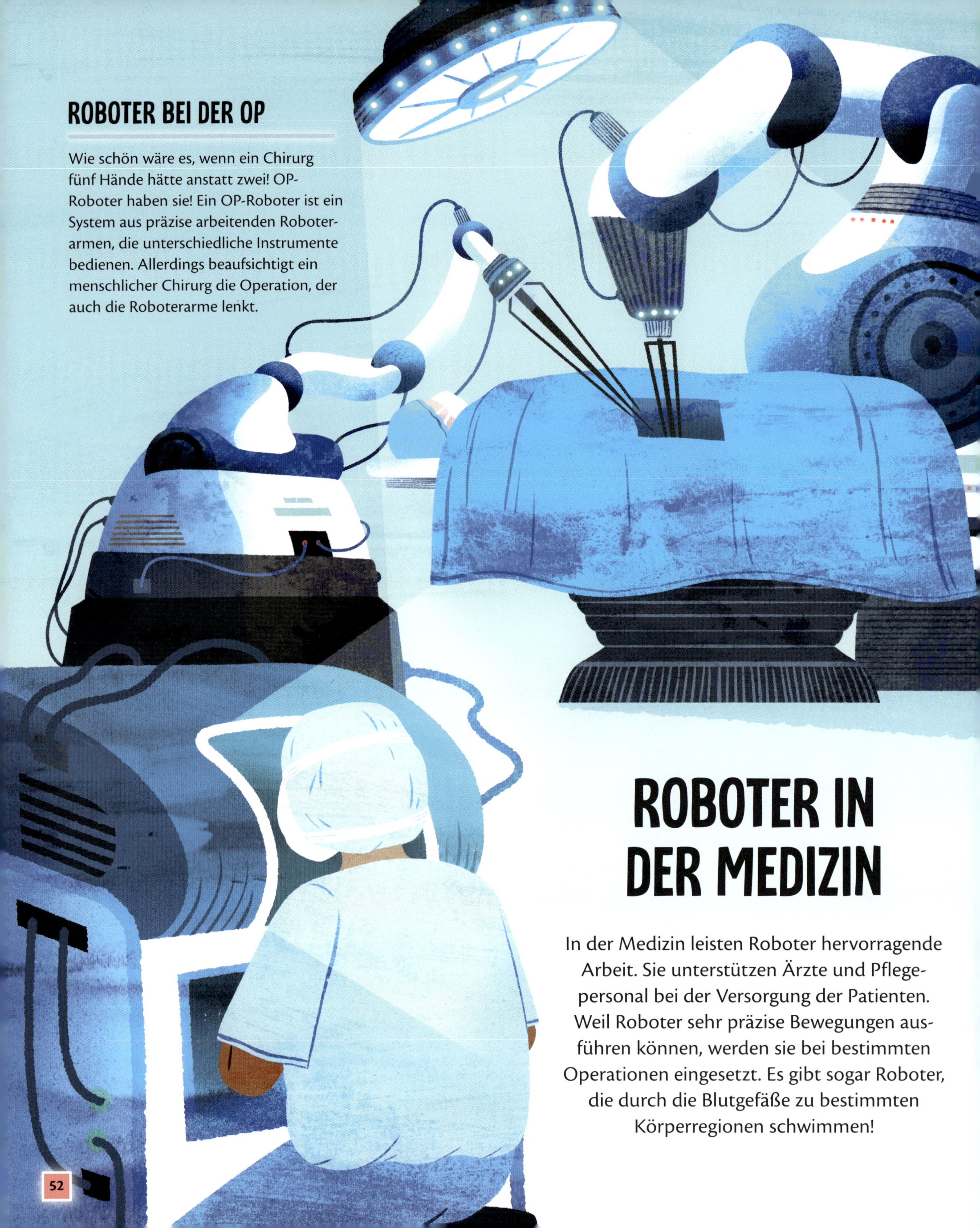

ROBOTER BEI DER OP

Wie schön wäre es, wenn ein Chirurg fünf Hände hätte anstatt zwei! OP-Roboter haben sie! Ein OP-Roboter ist ein System aus präzise arbeitenden Roboterarmen, die unterschiedliche Instrumente bedienen. Allerdings beaufsichtigt ein menschlicher Chirurg die Operation, der auch die Roboterarme lenkt.

ROBOTER IN DER MEDIZIN

In der Medizin leisten Roboter hervorragende Arbeit. Sie unterstützen Ärzte und Pflegepersonal bei der Versorgung der Patienten. Weil Roboter sehr präzise Bewegungen ausführen können, werden sie bei bestimmten Operationen eingesetzt. Es gibt sogar Roboter, die durch die Blutgefäße zu bestimmten Körperregionen schwimmen!

STRAHLENTHERAPIE

Bei manchen Krebsarten werden die Tumore mit Strahlen behandelt. Doch müssen die Strahlen sehr genau ausgerichtet werden, damit sie keine anderen Körperregionen schädigen. Strahlentherapie-Roboter helfen, die Strahlen auf den exakten Punkt zu lenken.

NANOBOTS BRINGEN MEDIKAMENTE ZUR ERKRANKTEN STELLE IM KÖRPER. SO WIRD PILLENSCHLUCKEN ÜBERFLÜSSIG!

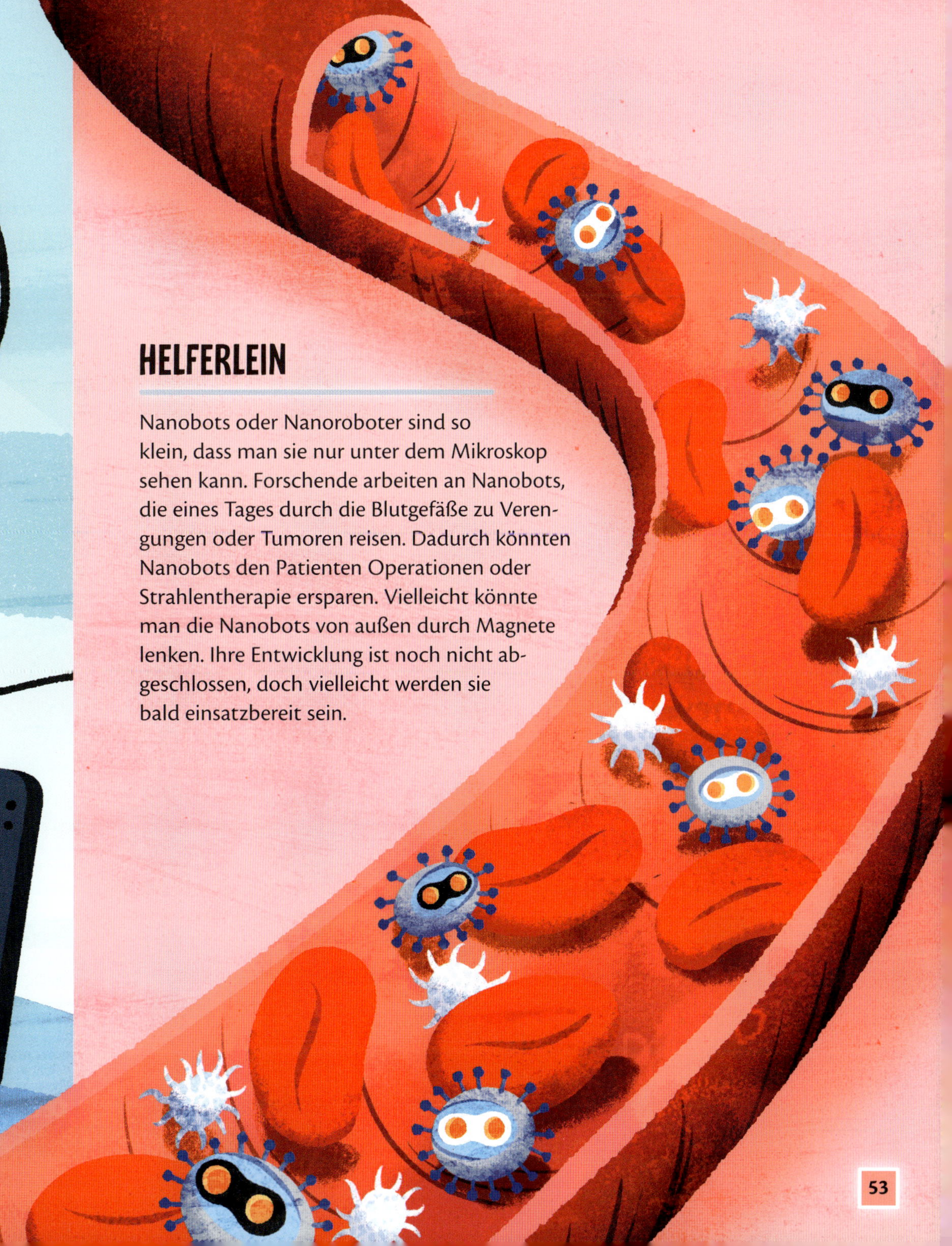

HELFERLEIN

Nanobots oder Nanoroboter sind so klein, dass man sie nur unter dem Mikroskop sehen kann. Forschende arbeiten an Nanobots, die eines Tages durch die Blutgefäße zu Verengungen oder Tumoren reisen. Dadurch könnten Nanobots den Patienten Operationen oder Strahlentherapie ersparen. Vielleicht könnte man die Nanobots von außen durch Magnete lenken. Ihre Entwicklung ist noch nicht abgeschlossen, doch vielleicht werden sie bald einsatzbereit sein.

WIRD GELIEFERT!

Hast du schon einmal eine Pizza bestellt, und musstest dann eine ganze Stunde auf sie warten? Lieferroboter sind fixer! Sie können sowohl innerhalb als auch außerhalb von Gebäuden Waren transportieren. Manche von ihnen sind ständig auf der Straße unterwegs und müssen so programmiert sein, dass sie mit Hindernissen, frei herumlaufenden Tieren und dem Wetter klarkommen.

PATIENTENVERSORGUNG

Lieferroboter befördern in Krankenhäusern medizinische Ausrüstung, Bettzeug und Essen. Manche verfügen über ein Schließfach, in das Apotheker Medikamente legen. Auf ihren Wegen durch die Stationen müssen die Roboter Menschen und Rollbetten ausweichen und in der Lage sein, automatische Türen zu nutzen.

KLOPF, KLOPF!

Lieferroboter bringen Pakete an die Haustür! Ihnen wurde ein Navigationssystem einprogrammiert, das sie mit Hilfe von GPS (also über Satelliten) an die richtige Adresse lenkt. Weil diese Roboter im Straßenverkehr unterwegs sind, müssen sie Verkehrsregeln beachten können.

DURCH DIE LÜFTE

Bei der Lieferung aus der Luft werfen Drohnen das Paket dort ab, wo es benötigt wird. Wichtig ist das zum Beispiel, wenn Orte aufgrund von Naturkatastrophen oder Kriegen nicht anders erreichbar sind.

ZIMMERSERVICE

Immer wieder vergessen Reisende, ihre Zahnbürste einzupacken. Hotelroboter können den Gästen Speisen, Getränke, Zahnbürsten oder zusätzliche Handtücher aufs Zimmer bringen. Ein Hotelangestellter belädt den Roboter, der dann selbstständig das betreffende Zimmer aufsucht – und vielleicht sogar mit dem Aufzug fährt.

WILLKOMMEN ZU HAUSE!

Viele Roboter werden in Fabriken oder Krankenhäusern eingesetzt, doch gibt es auch welche, die in privaten Wohnungen und Häusern arbeiten. Es gibt Roboter, die Menschen unterhalten, während andere besondere Aufgaben übernehmen. Doch können sie nur selten Arbeiten verrichten, die aus mehreren Schritten bestehen, wie etwa das Kochen. Ein weiteres Problem ist, dass jede Wohnung anders eingerichtet ist: anders geschnittene Räume, andere Möbel … Denn jeder Mensch richtet sich so ein, wie es ihm gefällt. Hausroboter müssten also genau auf den Haushalt abgestimmt sein, in dem sie arbeiten sollen.

Kleine Helfer
Intelligente Assistenten wecken ihre Besitzer, zeichnen deren Tätigkeiten auf und erinnern sie an wichtige Termine.

Garten-Genie
Rasenmähen und Unkrautjäten findest du langweilig? Ein Roboter kann diese Aufgaben übernehmen.

GIESSROBOTER ERKENNEN, WELCHE PFLANZEN WASSER BRAUCHEN. SO WIRD WENIGER WASSER VERSCHWENDET.

TRAUMHAUS

Stell dir das Haus deiner Träume vor! Welche Roboter hättest du darin gerne? Denk dir selbst welche aus. Wobei sollen sie dir helfen?

Modeberater
In der Zukunft könnten Roboter Wäsche pflegen oder beim Anziehen helfen. Aber wissen sie dann auch, was gerade „in" ist?

Was gibt es heute?
Eines Tages könnte es Kochroboter geben. Sie würden neue Rezepte aus dem Internet herunterladen oder deine Lieblingsspeisen nachkochen.

Nachhilfe
Roboter könnten dir bei den Hausaufgaben und beim Lernen helfen. Und danach bringen sie dir Schachzüge bei!

Alles blitzblank!
In vielen Haushalten gibt es bereits Saugroboter. Sie rollen über den Boden und saugen Staub und anderen Schmutz auf – sogar in den Ecken und unter dem Sofa.

Roboter-Haustiere
Tieren nachgebaute Roboter leisten Menschen Gesellschaft. Man kann richtig mit ihnen spielen! Und sie kommen ohne Katzenklo oder Gassi gehen aus.

KANN ICH IHNEN HELFEN?

Service-Roboter werden in Einkaufszentren, Flughäfen, Restaurants und Hotels eingesetzt. Sie geben Auskünfte, erledigen das Einchecken der Gäste oder geleiten sie zu ihrem Tisch. Service-Roboter können sehr unterschiedlich aussehen. Sie sind häufig in der Lage, richtige Gespräche zu führen und können unterschiedliche Gesichtsausdrücke zeigen, so dass es Spaß macht, sich mit ihnen zu unterhalten.

STETS ZU DIENSTEN

In Museen beantworten Service-Roboter die Fragen der Besucher und informieren über einzelne Ausstellungsstücke.

WEGWEISER

Service-Roboter, die selbstständig herumfahren können, weisen Menschen den Weg durch einen Flughafen. Oder sie führen Besucher durch eine Ausstellung. Oder aber bedienen Restaurantgäste.

SCHNÄPPCHEN

Wenn man in einem Geschäft einen Roboter sieht, ist das ziemlich cool und weckt Lust, hineinzugehen. Im Laden informieren Roboter die Kunden und weisen sie auf Sonderangebote hin.

EIN GROSSER UNTERSCHIED

Wirklich wertvoll sind Roboter, die Menschen mit Körperbehinderungen oder Gedächtnisstörungen wie Demenz helfen. Solche Assistenz-Roboter können bei körperlichen Herausforderungen unterstützen und z. B. Dinge heben oder Gehbehinderten das Laufen ermöglichen. Oder sie können Menschen helfen, den Umgang mit anderen Menschen zu erlernen. Assistenz-Roboter sind also dafür da, Menschen bei Aufgaben zu assistieren, mit denen sie alleine auf sich gestellt nicht zurechtkommen würden.

SCHRITT UM SCHRITT

Unter Roboter-Exoskeletten versteht man eine Art künstliches Stütz-Skelett. Sie ermöglichen Menschen, die teilweise oder vollständig gelähmt sind, zu laufen. Sie lenken und stützen die Beine bei allen Bewegungen, die nötig sind, um einen Schritt zu machen. Allerdings braucht die betreffende Person zusätzlich zum Exoskelett meist auch noch Krücken oder einen Stock. Mit Hilfe eines Assistenz-Roboters gehen zu lernen kann Monate dauern.

DEN UMGANG MIT EINEM ASSISTENZ-ROBOTER ZU ERLERNEN, KANN MONATE DAUERN.

EINE HELFENDE HAND

Roboterarme helfen Menschen, deren Oberkörper schwach oder instabil ist. Ihr Benutzer kann sie meist über einen Joystick oder ein Tablet lenken. Sie helfen ihm beim Kochen oder beim Essen, sehen fast wie menschliche Arme aus und beherrschen ähnliche Bewegungen.

PROTHESEN

Roboter-Technikerinnen und -Techniker arbeiten an der Entwicklung von Prothesen für amputierte Arme und Beine, die über die Muskeln, Nerven oder sogar das Gehirn ihrer Nutzer gelenkt werden. Allerdings sind Prothesen, die durch Gedanken gelenkt werden können, heute noch sehr selten.

THERAPIE-ROBOTER

Therapie-Roboter helfen Menschen, indem sie mit ihnen sprechen oder ihnen einfach nur Gesellschaft leisten. Zum Beispiel bewirken niedliche Roboter in Tiergestalt ähnlich wie Haustiere, dass sich Demenzkranke entspannen und weniger einsam fühlen. Soziale Roboter wurden entwickelt, um bei Bildung und Therapien zu helfen (siehe S. 22–23).

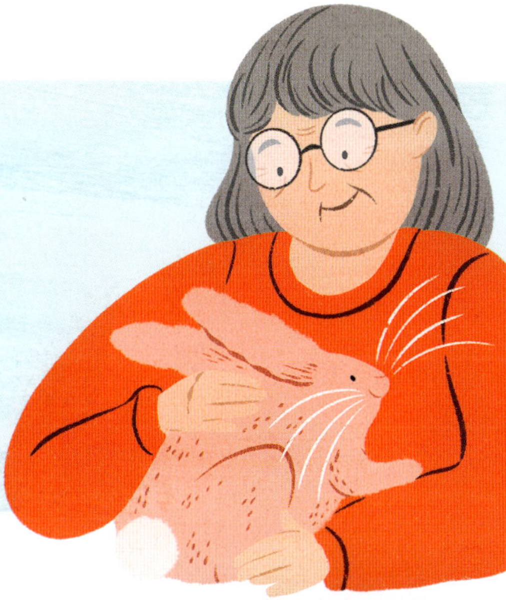

NEHMEN ROBOTER UNS DIE STELLEN WEG?

Jetzt weißt du, dass Roboter uns viele langweilige, schmutzige oder gefährliche Jobs abnehmen. Einerseits bedeutet dies, dass immer mehr Menschen, die derzeit noch diese Arbeit machen, eines Tages interessantere und sicherere Aufgaben übernehmen könnten. Andererseits aber könnte es auch zur Folge haben, dass diese Leute arbeitslos werden. Noch kann niemand sagen, was passieren wird, wenn Roboter immer schlauer und geschickter werden – und auch nicht, ob die Folgen für uns eher gut oder schlecht sind. Für beides gibt es Argumente.

ROBOTER SIND SCHLECHT

Wenn Roboter ohne Lohn arbeiten, warum sollten Unternehmer dann noch Menschen einstellen? Einfache Arbeiten, die auch Roboter erledigen können, werden bisher von Menschen getan, die wenig Geld verdienen und kaum Einfluss haben. Roboter würden sie noch ärmer machen.

WERDEN ROBOTER MENSCHEN ERSETZEN ODER SIE UNTERSTÜTZEN?

ROBOTER SIND GUT

Andere sind der Ansicht, dass Roboter Menschen unterstützen, anstatt sie zu ersetzen. Mit Hilfe von Robotern werden Menschen ihre Arbeiten schneller erledigen. Roboter könnten die langweiligen Tätigkeiten übernehmen, so dass Menschen mehr Zeit haben, kreativ zu sein. Befürworter der Roboter sagen, dass der technische Fortschritt schon seit dem Beginn der Industriellen Revolution im 18. Jahrhundert die Arbeitswelt verändert.

ROBOTER-ETHIK

Stellen Roboter für uns Menschen eine Bedrohung dar? Gibt es Einsatzarten für Roboter, die unmoralisch sind? Mit diesen und ähnlichen Fragen beschäftigt sich die Roboter-Ethik. Viele dieser Fragen lassen sich nicht eindeutig mit ja oder nein beantworten. Dennoch ist es wichtig, über sie nachzudenken.

Dürfen Roboter in Kriegen eingesetzt werden? Wie wir auf S. 48–49 gesehen haben, schaffen Roboter für manche Menschen mehr Sicherheit, gefährden dafür aber andere. Regierungen in aller Welt beschäftigen sich mit dieser Frage.

KONTROLLVERLUST

Roboter, die sich bewegen, können Dinge beschädigen. Wer ist verantwortlich, wenn ein Roboter etwas kaputt macht? Der Roboter, sein Besitzer oder vielleicht sogar der Hersteller des Roboters?

HABEN ROBOTER RECHTE?

IST ES IN ORDNUNG, WENN DU DEINE FREUNDE VERNACHLÄSSIGST UND STATTDESSEN MIT ROBOTERN SPIELST?

Roboter-Ethik befasst sich mit Fragen, deren Antworten mitunter überraschend ausfallen. Wie würdest du die Fragen auf dieser Seite beantworten? Was müsste passieren, damit du deine Meinung änderst?

SOLLTEN ROBOTER ÜBER LEBEN UND TOD ENTSCHEIDEN?

DÜRFEN ROBOTER LÜGEN?

SOLLTEN WIR DIE INTELLIGENZ VON ROBOTERN BESCHRÄNKEN?

ZU LEBENSECHT?

Ist es in Ordnung, wenn Roboter aussehen, als wären sie lebendig? Manche Roboter können sehr realistisch aussehen. Menschen könnten sie für echte Haustiere halten. Wenn jemand den Unterschied nicht merkt, soll man ihn dann in dem Glauben lassen, er streichle ein richtiges Tier?

FAKT ODER FIKTION?

In Filmen und Serien beherrschen die Roboter der Zukunft oft all das, was auch Menschen können – oder sogar besser. Doch was unterscheidet Menschen und Roboter dann noch voneinander?

DIE ZUKUNFT

In diesem Buch geht es vor allem um die Roboter der Gegenwart. Wie aber werden die Roboter der Zukunft aussehen? Sie könnten aus neuen Materialien bestehen, die heute noch gar nicht erfunden sind. Möglicherweise sehen sie ganz anders aus als unsere Roboter und übernehmen Aufgaben, an die wir noch gar nicht gedacht haben. Forschende arbeiten heute an den Robotern der Zukunft.

ÜBER DEN TELLERRAND SCHAUEN

Laufend werden neue Materialien erfunden, die Robotern besondere Fähigkeiten verleihen könnten wie die, unglaublich hoch zu springen, extrem elastisch zu sein oder Wände hinaufzulaufen. Das Entwickeln und Testen eines neuen Materials kann Jahre dauern. Aber vielleicht bestehen Roboter eines Tages aus etwas anderem als aus Metall und Plastik.

Füße aus klebrigem Material ermöglichen das Klettern an steilen Oberflächen.

Mit neuen Propellerformen könnten Drohnen schneller fliegen oder mehr Last tragen.

Leistungsstärkere Batterien würden längere Flüge möglich machen.

AUFLADEN

Um zu funktionieren, brauchen Roboter Energie. Deshalb wären neue Methoden der Erzeugung und Speicherung von Energie wichtig. Mit leistungsstärkeren Batterien könnten Roboter länger oder unter schwierigeren Bedingungen arbeiten. Solarstrom und andere erneuerbare Energien werden auch für Roboter immer wichtiger – ebenso wie für unseren Planeten!

Für ein selbstfahrendes Auto bräuchtest du keinen Führerschein zu machen!

NEUE TALENTE

Roboter können einiges, was Menschen nicht können. In Hinsicht auf Kreativität aber sind sie uns unterlegen. Doch das könnte sich ändern. Verbesserte KI wird zu schlaueren und fähigeren Robotern führen. Vielleicht gibt es eines Tages Roboter-Komiker, die auf der Bühne Menschen zum Lachen bringen!

BAU DIR DEINEN ROBOTER

Wie sollte dein Roboter aussehen, was sollte er können? Vielleicht helfen dir beim Entwurf die Fragen auf diesen Seiten. Welche Teile (das ist die Hardware) und welche Programme (die Software) brauchst du für deinen Roboter?

WOZU SOLL ER DIENEN?

Das Aussehen eines Roboters hängt von den für ihn vorgesehenen Aufgaben ab. Deshalb solltest du dir zuerst überlegen, wofür du ihn einsetzen willst. Soll er Dinge aufheben? Sehr hoch springen können? Oder dir bei den Hausaufgaben helfen?

WIE SOLL ER AUSSEHEN?

Wünschst du dir einen großen oder einen winzigen Roboter? Soll er Menschen ähneln, oder reicht auch ein mechanisches Aussehen? Das Aussehen hängt eng mit dem Verwendungszweck zusammen.

WIE BEWEGT ER SICH?

Sobald du entschieden hast, wie er sich bewegt, weißt du, welche Aktuatoren du brauchst. Ein Roboter, der sich auf ebenem Boden bewegen soll, braucht Räder. Einer, der schwimmen soll, müsste einen Propeller oder Flossen bekommen.

WORAUS BESTEHT ER?

Heute werden die meisten Roboter aus Metall, Plastik und Kabeln gebaut, manche bestehen auch aus anderen Materialien. Für einen sehr elastischen Roboter brauchst du flexible Materialien wie Silikon und Gummi (hole dir auf S. 36–37 Anregungen dafür). Lasse deiner Kreativität freien Lauf!

WAS KOMMT ALS NÄCHSTES?

Möchtest du noch mehr über Roboter erfahren? Du könntest versuchen, dir eigene Roboter zu bauen oder nach entsprechenden Kursen suchen. Falls du später Roboter-Technikerin oder -Techniker werden willst, solltest du in der Schule in Mathe und Naturwissenschaften gut aufpassen, denn für diesen Beruf sind das wichtige Fächer!

ERLEBE DEIN ROBOTER-ABENTEUER

Baue dir zu Hause einfache Roboter. Im Internet findest du Anleitungen, Bücher und Bastelsets für Anfänger. Vielleicht gibt es an deiner Schule oder in deiner Stadt entsprechende Kurse. Hör dich mal um! Erkundige dich bei deinen Lehrern nach Jugend-forscht-Wettbewerben. Frage deine Freundinnen und Freunde, ob sie Lust haben, mitzumachen!

ROBOTER-TECHNIK ALS BERUF

Auch wenn du in der Schule mit Mathe und Naturwissenschaften so deine Schwierigkeiten hast, kannst du es trotzdem schaffen. Lerne gründlich und schrecke nicht davor zurück, Fragen zu stellen. Die Robotik ist ein sehr vielseitiger Forschungsbereich, der sich laufend weiterentwickelt und Expertinnen und Experten mit sehr unterschiedlichen Fähigkeiten benötigt. Du könntest später Ingenieurs- oder Computerwissenschaften studieren oder aber eine Ausbildung bei einem Roboterhersteller machen. Wichtig ist, dass du einen Bereich findest, der dich wirklich interessiert, und eine Arbeit, die dir Spaß macht.

JETZT BIST DU DRAN

Gratuliere! Du hast das ganze Buch gelesen – und dabei sehr viel über Roboter gelernt.

In der Robotik passiert sehr viel. Ständig werden neue Roboter erfunden, und deshalb ist einiges, was in diesem Buch steht, wohl bald überholt. Die Nachfrage nach Menschen, die an und mit Robotern arbeiten wollen, ist hoch – und vielleicht gehörst du ja eines Tages mit dazu! Es gibt noch viel zu tun: vom Entwickeln von Hardware über das Programmieren von Software bis hin zum Erfinden neuer Formen von KI.

Ich hoffe, dieses Buch regt dich dazu an, mehr über Robotik wissen zu wollen. Jeder Mensch kann mit Robotern arbeiten, unabhängig von Alter und Nationalität. Beim Bau eines funktionierenden Roboters müssen viele Menschen mit unterschiedlichen Ausbildungen und Fähigkeiten zusammenarbeiten – und je verschiedener diese Leute sind, desto erfolgreicher ist das Team! Ja, auch du kannst Roboter-Technikerin oder -Techniker werden. Wichtig ist nur die Bereitschaft, immer weiter zu lernen und wissbegierig zu bleiben! Die Zukunft gehört dir – was willst du mit ihr anfangen?

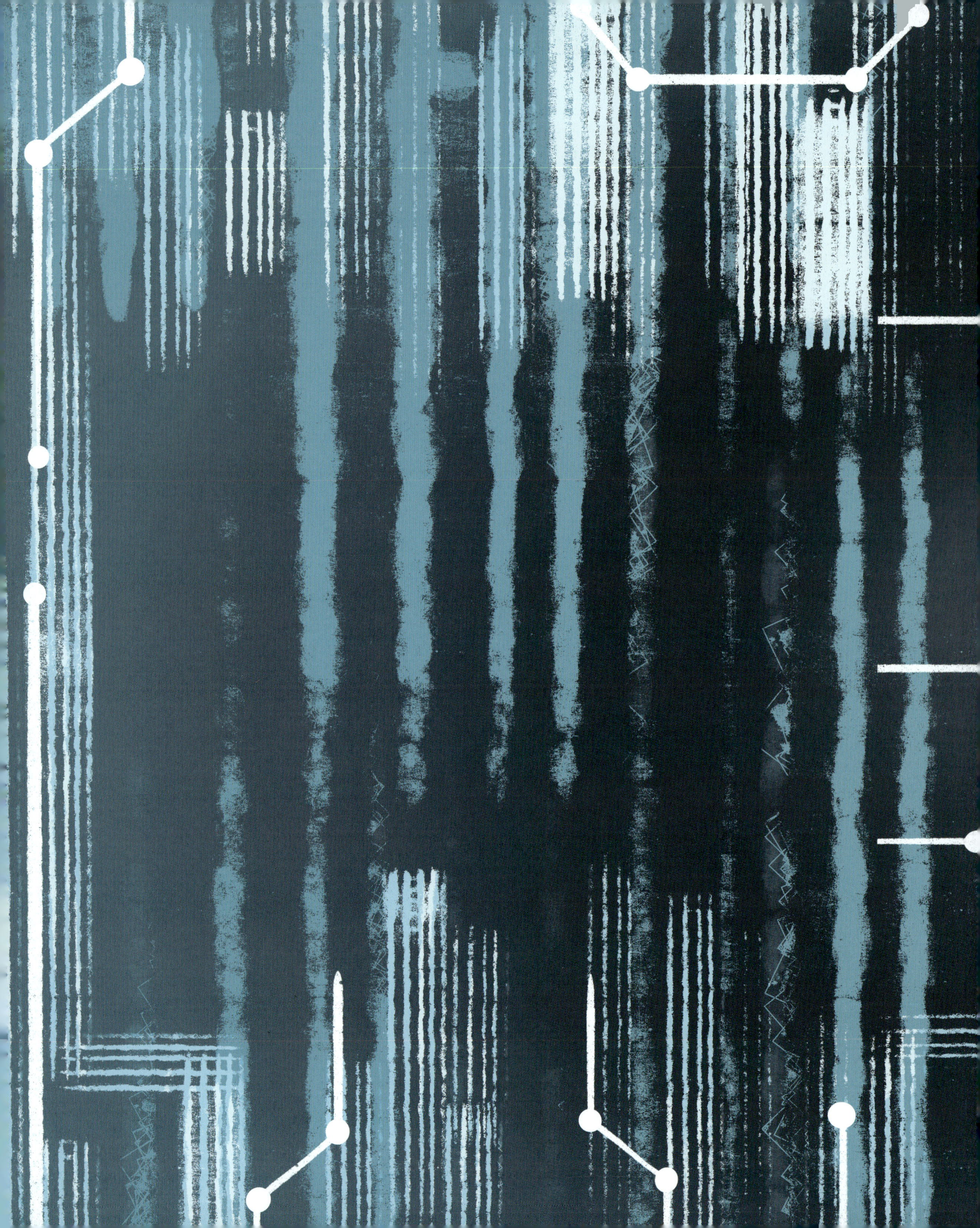